PREMIÈRE PARTIE

CONSIDÉRATIONS THÉORIQUES.

©

ROUE HYDRAULIQUE A AUBES COURBES

SYSTÈME PONCELET

CONSIDÉRATIONS THÉORIQUES ET RÈGLES PRATIQUES

POUR

L'ÉTABLISSEMENT DE CETTE ROUE

PAR

J. KRAFT

INGÉNIEUR A LA SOCIÉTÉ JOHN COCKERILL, ANCIEN ADJOINT DU PROFESSEUR DE MÉCANIQUE
A L'ÉCOLE POLYTECHNIQUE DE VIENNE

PARIS ET LIÉGE

E. NOBLET, ÉDITEUR

1859

à Monsieur

GUSTAVE PASTOR

Officier de l'Ordre Léopold, Chevalier des Ordres de la Légion-d'Honneur, d'Isabelle-la-Catholique et du Mérite de Toscane, Président du Conseil d'administration et Directeur des établissements de la Société John Cockerill à Seraing.

J. KRAFT.

PRÉFACE

Les progrès rapides de l'industrie dans les districts houillers forcent aussi les contrées peu riches en charbon de terre à utiliser le mieux possible la force naturelle de leurs chutes d'eau. La force limitée de ces chutes occupe depuis longtemps les ingénieurs, et l'invention de la turbine est un des plus beaux résultats de leurs recherches. C'est un appareil d'une telle perfection que la machine à vapeur, qui dispose d'une force motrice presque illimitée, est bien loin d'avoir atteinte. Mais bien que la turbine soit dans la plupart des cas, surtout pour de très-petites et pour de très-grandes chutes, beaucoup supérieure à l'ancienne roue hydraulique, il est des cas assez nombreux où on lui préférerait une bonne roue. Ainsi on désire assez souvent une marche lente, comme par exemple pour activer des pompes; une turbine, qui marche toujours vite, exigerait dans ce cas une transmission de mouvement assez compliquée. Aussi dans beaucoup d'usines, déjà établies avec d'anciennes roues à palettes, voudrait-on remplacer ces dernières par de meilleurs appareils. Y substituer des turbines exigerait un changement entier des constructions hydrauliques, des fondations et une nouvelle transmission de mouvement, et c'est là que la roue hydraulique inventée par M. Poncelet rend les meilleurs services. Sans faire beaucoup de changements on remplacera les anciennes roues à palettes par des roues de ce système, et l'effet utile que l'on obtiendra sera de beaucoup augmenté.

J'ai eu l'occasion d'effectuer de ces reconstructions et elles m'ont conduit à des études spéciales sur la roue de M. Poncelet.

J'ai trouvé que les règles que l'on donne ordinairement pour la construction de cette roue, sont non-seulement peu suffisantes pour calculer les dimensions de l'appareil, mais qu'elles sont même parfois fautives.

Les règles de construction auxquelles j'ai été conduit diffèrent beaucoup des anciennes, et les résultats que j'en ai obtenus en pratique sont très-satisfaisants.

Le sujet de ce Mémoire est de communiquer ces règles.

Ce Mémoire est divisé en deux parties: la première comprend les démonstrations théoriques, et la seconde les règles pratiques qui en résultent, règles tellement simples que le praticien s'en servira sans difficulté, même sans avoir étudié en détail la partie théorique.

Être utile est le but que je me suis proposé en publiant ce Mémoire, et l'atteindre sera ma plus grande satisfaction.

Seraing, le 1er décembre 1858.

J. KRAFT.

1

Description.

Le peu d'effet utile des anciennes roues hydrauliques, surtout de celles qui travaillent avec une petite chute et une grande quantité d'eau, a conduit M. Poncelet à des recherches plus approfondies sur l'action de l'eau dans ces récepteurs. Il trouva que dans presque tous ces appareils, l'eau arrivant avec une grande vitesse à la circonférence de la roue, choque contre les palettes qui s'écartent plus lentement, en prend la vitesse et quitte enfin la roue avec cette même vitesse. Ce mode d'action est défavorable à un bon effet utile, car le choc qui accompagne l'entrée de l'eau dans la roue cause une perte d'effet, qui, d'après la loi de Carnot, se mesure par la quantité d'eau et le carré du changement de sa vitesse. De plus, l'eau sortant de la roue, avec une vitesse égale à celle des palettes, emporte une grande quantité de travail non-utilisée.

Ce sont ces deux pertes d'effet qui, même dans le cas le plus favorable, c'est-à-dire dans celui où les palettes s'écartent avec la moitié de la vitesse de l'eau affluente, consomment 50 p. c. du travail utile, ce qui explique suffisamment le peu de rendement des anciennes roues.

Mû par ces considérations, M. Poncelet fut un des premiers qui demontrèrent que, pour obtenir un bon effet de toute roue hydraulique, il faut :

1° Que l'eau y entre sans choc et 2° qu'elle en sorte sans vitesse.

C'est sur ces deux principes qu'est basée la roue que M. Poncelet a inventée, et qui doit être considérée comme le premier pas vers l'invention des turbines proprement dites, lesquelles reposent sur les mêmes principes.

La roue (fig. 1) ne se distingue des anciennes roues que par son aubage et par une disposition plus étudiée du coursier et du vannage. Au lieu de palettes planes elle est munie d'aubes courbes. La courbure des aubes est telle que l'eau entre sans choc dans la roue, monte en suivant cette courbe avec un mouvement retardé, et, après être arrivée au point le plus élevé de l'aube, descend avec un mouvement accéléré et quitte enfin la roue avec une vitesse absolue presque égale à zéro.

C'est pendant ce mouvement que l'eau presse contre les aubes et transmet son travail à la roue.

La vanne A est placée le plus près possible de la roue, elle est fortement inclinée et convenablement arrondie à sa partie inférieure pour éviter les pertes de vitesse qui proviennent de la contraction de l'eau. On prend aussi dans la disposition des parois verticales toutes les précautions nécessaires contre ces pertes. L'eau sortant de cette vanne arrive dans un coursier incliné jusqu'à la circonférence de la roue où elle entre enfin dans les aubes.

Pour que l'eau, en entrant dans les aubes, ne puisse pas sortir par les deux côtés, la roue est munie de couronnes circulaires, où elle est enfermée étroitement dans un coursier.

Le canal de fuite en aval au biez inférieur B a une grande profondeur, car l'eau en quittant la roue ne possède qu'une faible vitesse et exige par conséquent un canal d'écoulement de fortes dimensions.

Ces descriptions préalables suffisent pour établir la théorie de la roue.

Pour développer cette théorie dans toute sa rigueur, on devrait suivre le mouvement de toutes les particules du fluide pendant leur entrée dans la roue, pendant leur séjour dans les aubes et après leur sortie. Mais cela conduirait à des difficultés de calcul que, dans l'état actuel des sciences mathématiques, nous ne saurions surmonter : on doit donc se contenter d'une approximation.

Nous supposerons toute la quantité d'eau comme ramenée dans le filet moyen mM de la veine fluide, nous considérerons le mouvement d'une particule de ce filet milieu et nous rapporterons toute la quantité d'eau à cette supposition.

Comme la lame d'eau affluente à la roue n'a qu'une faible épaisseur, le mouvement des particules du filet supérieur et du filet inférieur ne différera guère du mouvement des particules du filet moyen, et l'approximation de notre calcul sera plus que suffisante pour le but pratique que nous nous proposons. Aussi trouverons-nous plus tard des moyens pour rendre le mouvement des différents filets d'eau le plus uniforme possible.

Dans le cours de notre théorie, nous nous servirons des significations suivantes (fig. 1) :

H Chute en mètres, c'est-à-dire la distance du niveau d'eau N S du canal d'amont, pris immédiatement devant la vanne, et du niveau d'eau N J du canal d'aval, pris immédiatement derrière la roue.

Q Quantité de l'eau affluente par seconde en mètres cubes.

R = C M Rayon extérieur de la roue.

c = M a Hauteur de la couronne.

l Largeur de la roue.

α Angle sous lequel le filet supérieur E F coupe la circonférence de la roue.

γ Inclinaison de la partie droite du coursier et en même temps l'inclinaison du filet E F à l'horizon.

β Angle que forme la verticale C D avec le rayon C M du point M, point où entre le filet moyen dans la roue.

β' Angle que forme la verticale C D avec le rayon C F du point F, point où entre le filet supérieur dans la roue.

φ = ang. c M b = ang. o M a angle sous lequel le premier élément de l'aube coupe la circonférence de la roue.

r = o M rayon de courbure des aubes.

Δ Epaisseur de la lame d'eau affluente.

g = 9^m808 accélération de la pesanteur.

$V = \sqrt{2gH}$ Vitesse avec laquelle l'eau arrive à la roue.

v Vitesse à la circonférence extérieure de la roue.

t Profondeur du canal de fuite.

E_b = 1000 Q H effet brut de l'eau en kilogrammètres.

$N_b = \frac{1000\,Q\,H}{75}$ effet brut de l'eau en chevaux de 75 kilogrammètres.

E_u Effet utile de la roue en kilogrammètres.

$N_u = \frac{E_u}{75}$ effet utile de la roue en chevaux.

2.

Entrée de l'eau dans les aubes.

Le premier des principes sur lesquels est basée la roue de M. Poncelet est que l'eau entre sans choc dans les aubes.

Si la roue n'avait pas de mouvement de rotation, si par conséquent l'aube était fixe dans l'espace, il est clair que le filet moyen devrait être tangent au premier élément de l'aube pour que l'eau entrât sans choc. Mais la roue possède un mouvement de rotation avec une vitesse à la circonférence $= v$.

Nous devons par conséquent considérer le mouvement *relatif* de la molécule d'eau entrant dans l'aube, et de l'aube elle-même.

Il est évident que l'on ne change rien à la position *relative* de l'eau affluente et de la roue en leur imprimant à chacune le même mouvement uniforme. La roue ainsi que l'eau se mouveront alors autrement dans l'espace mais leur position et leur mouvement *relatifs* ne seront nullement changés. Un observateur placé dans la roue ne s'apercevrait d'aucun changement dans le mouvement de l'eau.

Donnons donc à la roue (fig. 2) ainsi qu'à l'eau un mouvement égal à celui de la roue, mais dans un sens opposé. La roue sera alors immobile dans l'espace, mais l'eau aura une vitesse composée de sa propre vitesse $V = Md$ et de la vitesse de la circonférence de la roue $v = Mf$ en sens opposé. La résultante Mg de ces deux vitesses sera la vitesse *relative* de l'eau et de l'aube. Nous l'appelerons u_1.

Par ce procédé nous avons ramené la roue au repos et l'eau entre avec la vitesse relative $Mg = u_1$ et c'est cette vitesse qui doit être tangente au premier élément de l'aube (*).

(*) Un exemple expliquera peut-être encore mieux la définition de la vitesse relative.

Soit A (fig. 3) un bateau qui se meut dans le sens indiqué par la flèche avec une vitesse égale à v. Sur le bord de la rivière, se trouve placée une pièce d'artillerie. Un projectile lancé contre le navire avec une vitesse égale à V, y entrera en *a*, mais pendant qu'il traversera le bateau, celui-ci avancera et il sera arrivé dans la position pointillée quand le projectile sortira de l'autre côté. Le projectile aura par conséquent, suivi le chemin oblique *a'b*, et si l'on y avait placé un tube, le projectile l'aurait parcouru sans toucher le bateau.

Cette ligne parcourue *a'b* ou sa parallèle *ab'* n'est autre chose que la vitesse relative du projectile et du bateau, et elle est la résultante du chemin *aa'* du bateau et de celui *ab* du projectile parcourus en même temps.

Nous avons maintenant dans le triangle $g\,M\,d$

$$Md : dg = \text{Sin}\,.\,Mgd : \text{Sin}\,.\,gMd$$

$$V : v = \text{Sin}\,\varphi : \text{Sin}\,(\varphi - \alpha)$$

$$v\,\text{Sin}\,\varphi = V\,\text{Sin}\,(\varphi - \alpha) \qquad (1)$$

Cette équation nous représente la condition qui doit être remplie pour que l'eau entre sans choc dans les aubes, ce qui est notre premier principe sur lequel la roue est basée.

Il résulte du même triangle $g\,M\,d$

$$u_1 = V\,\text{Cos}\,(\varphi - \alpha) - v\,\text{Cos}\,\varphi \qquad (2)$$

La première de ces deux équations nous donne

$$\text{Sin}\,(\varphi - \alpha) = \frac{v}{V}\,\text{Sin}\,\varphi, \text{ ou}$$

$$\text{Cos}\,(\varphi - \alpha) = \sqrt{1 - \frac{v^2}{V^2}\,\text{sin}^2\,\varphi}$$

par conséquent :

$$u_1 = V\sqrt{1 - \frac{v^2}{V^2}\,\text{Sin}^2\,\varphi} - v\,\text{Cos}\,\varphi$$

$$u_1 = \sqrt{V^2 - v^2\,\text{Sin}^2\,\varphi} - v\,\text{Cos}\,\varphi \qquad (3)$$

Pour que toutes les particules de l'eau entrent sans choc dans la roue l'équation (1) doit être satisfaite par tous les filets de la lame d'eau affluente.

Dans toutes les anciennes roues à la Poncelet, l'eau arrive dans un coursier droit comme l'indique la fig. 1, et les filets coupent la circonférence de la roue sous des angles fort différents. Il n'y a donc qu'un seul filet d'eau et une seule position de l'aube qui remplissent la condition (1).

Si tous les filets EF, m_1M_1, mM, m_2M_2, G H de la lame affluente (fig. 4) doivent couper la circonférence de la roue sous le même angle α sans que toutefois la lame d'eau change de section, il est évident qu'il faudra les y amener dans des canaux parallèles ou concentriques. En outre, la développante de l'arc F K devra être égale à F H.

L'arc embrassé par la lame affluente sera donc

$$\text{arc. FK} = \text{FH} = \frac{\Delta}{\text{Sin}\,\alpha}$$

et l'angle correspondant au centre de la roue

$$\text{ang. FCK} = \theta = \frac{\Delta}{R\,\text{Sin}\,\alpha} \qquad (4)$$

Quelques soient les courbes décrites par les filets d'eau, elles doivent couper la circonférence de la roue sous l'angle α, leurs normales aux points d'intersection F, M_1, M_2, M, K doivent donc former avec les rayons de la roue le même angle α, elles seront, par conséquent, toutes tangentes à un cercle fKl dont le rayon

$$r_1 = fC = kC = R \sin \alpha \qquad (5)$$

et dont le centre se trouve au centre de la roue.

Traçant la partie courbée KL du coursier en *développante* de ce cercle fkl on en rencontrera la partie droite du coursier exactement au point L et cette partie droite sera tangente à la développante.

Le rayon de courbure de la développante au point K étant Kk celui du point L sera :

$$fL = Kk + \text{arc}\, fk$$

et comme

$$fF = Kk \text{ et ang. } fCk = FCK = \text{ang. } \theta$$

et

$$\text{arc}\, fk = \theta R \sin \alpha = \frac{\Delta}{R \sin \alpha} \cdot R \sin \alpha = \Delta$$

on aura

$$fL = fF + \Delta$$

$$FL = \Delta$$

Faisant le même raisonnement pour tous les filets de la veine fluide, chacun d'eux d'écrira une *développante* du cercle fkl et coupera la circonférence de la roue sous l'angle α.

Les normales de toutes ces développantes étant toujours tangentes au cercle générateur fkl, tous les filets seront aussi conduits dans des canaux parallèles et arriveront à la roue sans changer ni de section ni de vitesse.

Ce fut encore M. Poncelet qui donna le premier l'idée de remplacer l'ancien coursier droit par un coursier courbe, mais le tracé donné par ce savant ingénieur est une sorte de *spirale* qui ne permet pas à la veine fluide d'arriver à la roue sans changer de section, ce qui cause une perte d'effet.

Cette spirale introduit en outre les filets inférieurs dans un point trop bas dans la roue et l'eau n'a pas le temps de finir son mouvement d'oscillation sur l'aube avant que celle-ci s'élève au-dessus du canal de fuite. L'eau quitte par conséquent la roue dans un point qui se trouve au-dessus du niveau de ce canal, ce qui cause une nouvelle perte d'effet.

Les filets de la lame affluente suivront d'autant mieux les courbes déterminées par la forme du coursier que cette lame sera mince. Chacun de ces filets ainsi conduits remplira exactement la condition d'une entrée sans choc quand le bord de l'aube se présentera à son entrée, car c'est pour cette position de l'aube que nous avons établi l'équation (1).

Plus souvent mettrons-nous d'aubes dans cette position, plus souvent les filets entreront-ils sans choc dans la roue.

Nous en concluons qu'il faut : 1° donner à la veine fluide une faible épaisseur, ou ce qui revient au même, faire de larges roues et, 2° qu'il faut leur donner beaucoup d'aubes.

En divisant la veine fluide par des coulisses ou directrices en plusieurs lames on pourrait aussi les faire arriver sans choc dans la roue, mais les veines d'eau d'une faible épaisseur sont très-bien conduites par la courbe du coursier, et des lames trop épaisses causeraient un inconvénient dont nous parlerons plus tard.

Toute la quantité d'eau n'entre pas dans la roue, il s'en échappe une partie par l'espace s entre la roue et le fond du coursier.

La perte d'effet qui en résulte peut s'élever au maximum à :

$$p_1 = \frac{s}{\Delta} \cdot E_b \text{ kilogrammètres.}$$

$$p_1 = \frac{s}{\Delta} \cdot 1000\, Q\, H \text{ kilogrammètres.} \qquad (6)$$

Pour diminuer cette perte autant que possible, on laissera le jeu s aussi petit que l'exécution le permettra. Mais comme cette perte dépend aussi du rapport $\frac{s}{\Delta}$, il ne faut pas pousser trop loin la diminution de l'épaisseur Δ.

Le coursier dont nous avons donné le tracé évite presque entièrement cette perte d'effet, l'eau n'y est pas conduite directement contre la fente où elle s'échapperait, et elle est mieux dirigée pour entrer totalement dans les aubes. Ce coursier a en outre l'avantage que la roue peut très-bien travailler avec des levées de vanne fort différentes.

La partie circulaire K N (fig. 4) du coursier qui doit embrasser au moins deux aubes a aussi l'avantage de ne pas laisser de l'eau se glisser entre deux aubes pour se rendre dans le canal de fuite sans avoir agi sur la roue, comme cela arrive dans les anciennes roues à coursier droit.

3.

L'eau dans la roue.

L'eau comme nous l'avons vu entre dans l'aube M N (fig. 5) avec la vitesse relative u_1 et prend, par suite de cette vitesse, un mouvement d'ascension sur l'aube.

La vitesse de ce mouvement est retardée par l'action de la pesanteur et par la force centrifuge provenant du mouvement de rotation de la roue, et il y aura un moment où l'eau aura perdu entièrement sa vitesse, et où elle sera arrivée au point le plus haut de sa course. Pendant toute cette ascension la roue a continué de tourner et l'aube sera arrivée dans une position M_2 N_2 quand l'eau aura perdu toute sa vitesse.

Dès ce moment l'eau, par suite de l'action de la pesanteur et de la force centrifuge, commence un mouvement accéléré de descente et elle sort enfin de la roue. Pendant le temps de cette descente la roue continue encore son mouvement de rotation, et l'aube arrive dans la position M_1 N_1, et le point M_1 est le point de la sortie de l'eau, comme M était le point de son entrée et comme M_2 N_2 était la position de l'aube au moment où l'eau avait atteint le sommet de sa course.

Le point M_1 peut se trouver à la même hauteur que le point M, où il peut être plus haut ou plus bas.

Si M_1 se trouve plus haut que M, par exemple en M_2, l'eau quitte la roue au-dessus du niveau du canal de fuite et tombe librement de la hauteur M_2 m_2. Cette hauteur est perdue pour l'effet.

Si au contraire M_1 se trouve plus bas que M l'eau quitte la roue au-dessous du bief inférieur et il n'y a pas de perte d'effet proprement dite. Mais plus le niveau de M_1 différera de celui de M, moins sera grande la composante horizontale de la vitesse absolue de sortie et plus le canal de fuite devra être profond pour empêcher l'eau de refluer vers la roue. Il pourrait même arriver que l'eau eût fini son oscillation sur l'aube avant que celle-ci fût sortie du fond circulaire du coursier. Elle se trouverait alors arrêtée brusquement dans son mouvement, ce qui produirait des chocs et des pressions contraires au mouvement de rotation de la roue.

Mais si M_1 et M se trouvent au même niveau il n'y aura pas de perte d'effet, l'eau aura une assez grande vitesse horizontale d'écoulement et elle pourra aussi sortir librement de la roue.

Le point de l'entrée du filet milieu de l'eau et le point de sa sortie doivent donc se trouver au même niveau, ou en d'autres termes, l'eau doit mettre autant de temps pour accomplir son oscillation sur l'aube qu'un point de la circonférence de la roue en met pour aller de M à M_1, M_1 étant à la même hauteur que M.

Dans la plupart des roues existantes l'eau quitte les aubes au-dessus du niveau du bief inférieur, et c'est pourquoi ces roues ne donnent pas l'effet utile qu'elles pourraient donner si la condition précédente était remplie.

C'est aussi la sortie de l'eau au-dessus du niveau du canal de fuite que l'on peut objecter contre le tracé du coursier proposé par M. Poncelet.

Une veine fluide trop épaisse et divisée en plusieurs filets à l'aide de directrices ne conviendrait pas non plus, car le point de sortie des filets supérieurs serait trop bas et se trouverait assez souvent encore dans la partie circulaire du coursier.

Ce fut M. le professeur Redtenbacher qui dans son excellent ouvrage sur les roues hydrauliques (*) appela le premier l'attention des ingénieurs sur ce mouvement de l'eau sur les aubes, et c'est à lui que nous devons les premières recherches sur ce sujet.

Mais cette oscillation de l'eau sur les aubes ne se fait pas toujours aussi régulièrement que le mouvement d'une simple molécule.

Si la capacité des aubes est beaucoup plus grande que la quantité d'eau qui y entre, et si les aubes ont une inclinaison très-forte, surtout si l'élément n_4 de la position moyenne se trouve vertical ou incliné dans le sens opposé, il y a des mouvements perturbateurs dans la masse d'eau qui se meut sur l'aube. Les premières particules de l'eau qui entrent dans les aubes atteignent aussi les premières le sommet de leur course, et en commençant leur descente elles se précipitent sur celles qui suivent. Il se forme de cette manière deux courants, l'un ascendant et l'autre descendant : Ces deux courants durent jusqu'à ce que la dernière molécule qui est entrée

(*) *Théorie und Bau Wasserräder*, Mannheim, 1846. C'est l'ouvrage le plus complet et le plus approfondi que nous possédions sur les roues hydrauliques.

dans la roue ait atteint le sommet de sa course : à partir de ce moment, il n'y a qu'un courant descendant. Ces deux courants dont l'un se précipite sur l'autre, causent des mouvements perturbateurs et des chocs dans la masse d'eau et en consomment une partie de la force vive.

Si les aubes ne sont pas trop inclinées à l'horizon et si leur capacité n'est pas trop grande, l'oscillation de la masse d'eau se fait beaucoup plus régulièrement. Les premières molécules ne se précipitent pas sur celles qui suivent, elles sont seulement poussées par les suivantes et accélérées dans leur mouvement. Celles qui suivent au contraire sont retardées, toute la masse du fluide fait son mouvement comme un corps solide, et son centre de gravité fait un mouvement comme celui d'une simple molécule qui oscille sur l'aube courbée.

Les premières molécules montent sur l'aube plus haut qu'elles ne le feraient en vertu de leur vitesse d'entrée, et les dernières ne montent pas aussi haut qu'elles le feraient si elles n'étaient pas retardées par les premières. Cette accélération et ce retard se produisent presque sans choc et il n'y a pas de perte d'effet sensible.

C'est pour ces raisons qu'il faut veiller à ce que les aubes ne soient pas trop inclinées et qu'elles soient toujours assez remplies d'eau. C'est aussi un motif pour ne pas pousser trop loin la diminution de l'épaisseur de la veine fluide, car on perdrait les avantages d'une bonne entrée par un mouvement irrégulier dans les aubes trop peu remplies.

Nous voyons donc que non-seulement le temps d'une oscillation entière doit être égal au temps que l'eau met pour arriver de M à M_1, mais aussi qu'il faut que l'aube ne dépasse pas une certaine inclinaison dans toutes ses positions entre M et M_1.

La première de ces considérations nous indiquera le rayon de courbure des aubes, la seconde nous fera trouver le point d'entrée M de l'eau.

Nous appelerons T le temps que l'aube met pour parcourir l'arc M M.

Ce temps T résulte de la relation :

$$\text{arc. } MM_1 = 2R\beta = vT$$

$$T = 2 \cdot \frac{R\beta}{v} \qquad (7)$$

Équation dans laquelle

$$\beta = \beta' - \frac{\delta}{2}$$

$$\beta = \beta' - \frac{\Delta}{2 R \sin \alpha} \qquad (8)$$

Pour trouver aussi le temps de l'oscillation de l'eau, il faut calculer son mouvement sur la surface courbée de l'aube.

La loi de ce mouvement est extrêmement compliquée, car l'aube elle-même possède un mouvement circulaire, et la force centrifuge qui en résulte influe sur le mouvement du fluide.

Comme l'angle au centre 2β de l'arc MM_1 n'est pas grand, nous pouvons nous permettre de supposer que le mouvement de l'aube se fasse parallèlement à sa position moyenne M_2N_2, et comme la force centrifuge retarde autant l'ascension qu'elle accélère la descente, elle ne peut pas avoir une influence sensible sur la durée de l'oscillation et nous pouvons la négliger. Nous considérerons donc l'aube comme étant fixe dans sa position moyenne.

Soit (fig. 6) M_2N_2 cette position, M_1 le point le plus bas de la roue et O le point inférieur du cercle qui forme l'aube, et en même temps l'origine d'un système de coordonnées rectangulaires OX et OZ.

On aura

$MP = z$, $OP = x$ pour coordonnées d'un point quelconque M du cercle dont l'équation sera

$$x^2 = 2rz - z^2. \tag{9}$$

L'eau entre, comme nous l'avons vu, par le point M_2 avec la vitesse relative u_1, monte jusqu'au point N_2 où elle a perdu toute cette vitesse.

Les coordonnées de M_2 sont $M_2R = z_1$

$OR = x_1$

Les coordonnées de N_2 sont $N_2Q = z_0$

$OQ = x_0$

Nous avons d'après la figure

$$OR = r \sin \varphi.$$

$$x_1 = r \sin \varphi. \tag{10}$$

$$M_2R = r - r \cos \varphi.$$

$$z_1 = r(1 - \cos \varphi) \tag{11}$$

et comme l'eau a perdu toute sa vitesse u_1 en arrivant en N_2, on a aussi

$$z_0 - z_1 = \frac{u_1^2}{2g}$$

$$z_0 = \frac{u_1^2}{2g} + z_1. \tag{12}$$

Nous appelerons u la vitesse de la molécule au point M, ds l'élément du chemin dt l'élément du temps et généralement, on aura :

$$ds = u \,.\, dt \tag{6}$$

$$dt = \frac{ds}{u} \tag{13}$$

Pour pouvoir intégrer cette expression, il faut d'abord exprimer ds et u par z.

On sait que

$$ds = dz\sqrt{1 + \left(\frac{dx}{dz}\right)^2}$$

L'équation (9) nous donne par différentiation

$$dx = \frac{(r - z)\,dz}{\sqrt{2rz - z^2}}$$

par conséquent

$$ds = \frac{r\,dz}{\sqrt{2rz - z^2}} \tag{14}$$

Le mobile ayant en M une vitesse u et en N_2 une vitesse égale à zéro, on aura aussi

$$\frac{u^2}{2g} = z_0 - z$$

$$u = \sqrt{2g(z_0 - z)} \tag{15}$$

Ces expressions pour ds et pour u donnent dans l'équation (13)

$$dt = \frac{r\,dz}{\sqrt{2g(z_0 - z)}\,.\,\sqrt{2rz - z^2}}\,.$$

L'intégrale de cette formule, prise entre les limites $z = z_1$ et $z = z_0$ donne la durée de l'ascension, et le double donne la durée T de l'oscillation entière.

$$T = 2\int_{z_1}^{z_0} \frac{r\,dz}{\sqrt{2rz - z^2}\,.\,\sqrt{2g(z_0 - z)}} = \frac{2r}{\sqrt{2g}}\int_{z_1}^{z_0} \frac{dz}{\sqrt{2rz - z^2}\,.\,\sqrt{z_0 - z}}. \tag{16}$$

L'intégrale de cette formule n'est pas connue sous forme finie, il faut donc la développer en série.

Pour effectuer cette opération, nous allons la transformer comme suit :

$$T = \frac{2r}{\sqrt{2g}}\int_{z_1}^{z_0} \frac{dz}{\sqrt{2r}\,.\,\sqrt{1 - \left(\frac{z}{2r}\right)}\,.\,\sqrt{z_0 z}\,.\sqrt{1 - \frac{z}{z_0}}}$$

$$= \sqrt{\frac{r}{g\,z_0}}\int_{z_1}^{z_0} z^{-\frac{1}{2}}\,.\left(1 - \frac{z}{2r}\right)^{-\frac{1}{2}}.\left(1 - \frac{z}{z_0}\right)^{-\frac{1}{2}}.\,dz.$$

On a d'après le binôme de Newton

$$\left(1 - \frac{z}{2r}\right)^{-\frac{1}{2}} = 1 + \frac{1}{2}\cdot\left(\frac{z}{2r}\right) + \frac{1\,.\,3}{2\,.\,4}\cdot\left(\frac{z}{2r}\right)^2 + \ldots\ldots \frac{1\,.\,3\ldots(2n-1)}{2\,.\,4\ldots\ldots 2n}\cdot\left(\frac{z}{2r}\right)^n + \ldots$$

$$\left(1 - \frac{z}{z_0}\right)^{-\frac{1}{2}} = 1 + \frac{1}{2}\cdot\left(\frac{z}{z_0}\right) + \frac{1\,.\,3}{2\,.\,4}\cdot\left(\frac{z}{z_0}\right)^2 + \ldots\ldots \frac{1\,.\,3\ldots(2n-1)}{2\,.\,4\ldots\ldots 2n}\cdot\left(\frac{z}{z_0}\right)^n + \ldots$$

et on sait que

$$A_0 + A_1 y + A_2 y^2 + \ldots . A_n y^n + \ldots$$

multiplié par

$$a_0 + a_1 y + a^2 y^2 + \ldots . a_n y^n + \ldots$$

donne un produit de la forme

$$A_0 a_0 + \left.\begin{matrix} A\ a_0 \\ A_0\ a_1 \end{matrix}\right\} y + \left.\begin{matrix} A_2\ a_0 \\ A_1\ a_1 \\ A_0\ a_2 \end{matrix}\right\} y^2 + \left.\begin{matrix} A_3\ a_0 \\ A_2\ a_1 \\ A_1\ a_2 \\ A_0\ a_3 \end{matrix}\right\} y^3 + \ldots \left.\begin{matrix} A_n\ a_0 \\ A_{n-1}\ a_1 \\ \ldots . \\ A_1\ a_{n-1} \\ A_0\ a_n \end{matrix}\right\} y^n + \ldots$$

On a par conséquent

$$\left(1 - \frac{z}{n}\right)^{-\frac{1}{2}} . \left(1 - \frac{z}{z_0}\right)^{-\frac{1}{2}} =$$

$$= 1 + \left.\begin{matrix} \frac{1}{2} . \frac{1}{z_0} \\ \frac{1}{2} . \left(\frac{1}{2r}\right) \end{matrix}\right\} z + \left.\begin{matrix} \frac{1.3}{2.4}\left(\frac{1}{z_0}\right)^2 \\ \frac{1}{2} . \left(\frac{1}{z_0}\right) . \frac{1}{2}\left(\frac{1}{2r}\right) \\ \frac{1.3}{2.4} . \left(\frac{1}{2r}\right)^2 \end{matrix}\right\} z^2 + \ldots \left.\begin{matrix} \frac{1.3\ldots(2n-1)}{2.4\ldots .2n} . \left(\frac{1}{z_0}\right)^n \\ \frac{1.3\ldots(2n-3)}{2.4\ldots 2(n-1)} . \left(\frac{1}{z_0}\right)^{n-1} . \frac{1}{2}\left(\frac{1}{2r}\right) \\ \frac{1.3\ldots(2n-5)}{2.4\ldots 2(n-2)} . \left(\frac{1}{z_0}\right)^{n-2} . \frac{1.3}{2.4}\left(\frac{1}{2r}\right)^2 \\ \ldots\ldots\ldots\ldots \\ \frac{1.3}{2.4} . \left(\frac{1}{z_0}\right)^2 . \frac{1.3\ldots(2n-5)}{2.4\ldots 2(n-2)} . \left(\frac{1}{2r}\right)^{n-2} \\ \frac{1}{2}\left(\frac{1}{z_0}\right) . \frac{1.3\ldots(2n-3)}{2.4\ldots 2(n-1)} . \left(\frac{1}{2r}\right)^{n-1} \\ \frac{1.3\ldots(2n-1)}{2.4\ldots .2n} . \left(\frac{1}{2r}\right)^n \end{matrix}\right\} z^n \ldots . \quad (17)$$

Tous les coëfficients de cette série sont constants, et tous les membres sont de la forme $B z^m$, de sorte que l'on peut écrire:

$$T = \sqrt{\frac{r}{g z_0}} \int_{z_1}^{z_0} \left[z^{-\frac{1}{2}} + B_1 z^{\frac{1}{2}} + B_2 z^{\frac{3}{2}} + \ldots . B_n z^{\frac{2n-1}{2}} + \ldots \right] dz$$

et par intégration

$$T = \sqrt{\frac{r}{g z_0}} \left[\frac{z^{\frac{1}{2}}}{\frac{1}{2}} + \frac{B_1 z^{\frac{3}{2}}}{\frac{3}{2}} + \frac{B_2 z^{\frac{5}{2}}}{\frac{5}{2}} + \ldots \frac{B_n z^{\frac{2n+1}{2}}}{\frac{2n+1}{2}} + \ldots \right] \begin{cases} z = z_0 \\ z = z_1 \end{cases}$$

et par la valeur des coëfficients énoncés dans l'équation (17)

$$
\begin{aligned}
T = \sqrt{\frac{r}{g z_0}} \cdot \sqrt{z} \Big[& 2 + \frac{1}{2} \cdot \frac{2}{3} \cdot \left(\frac{z}{z_0}\right) + \frac{1.3}{2.4} \cdot \frac{2}{5} \left(\frac{z}{z_0}\right)^2 + \cdots \frac{1.3\ldots(2n-1)}{2.4\ldots 2n} \cdot \frac{2}{2n+1} \cdot \left(\frac{z}{z_0}\right)^n + \cdots \\
& + \frac{1}{2} \cdot \frac{2}{3} \cdot \left(\frac{z}{2r}\right) + \frac{1}{2} \cdot \frac{2}{5} \left(\frac{z_1}{z_0}\right) \cdot \frac{1}{2} \left(\frac{z}{2r}\right) + \cdots \frac{1.3\ldots(2n-3)}{2.4\ldots 2(n-1)} \cdot \frac{2}{2n+1} \cdot \left(\frac{z}{z_0}\right)^{n-1} \cdot \frac{1}{2} \left(\frac{z}{2r}\right) + \cdots \\
& + \frac{2}{5} \cdot \frac{1.3}{2.4} \cdot \left(\frac{z}{2r}\right)^2 + \cdots \frac{1.3\ldots(2n-5)}{2.4\ldots 2(n-2)} \cdot \frac{2}{2n+1} \cdot \left(\frac{z}{z_0}\right)^{n-2} \cdot \frac{1.3}{2.4} \cdot \left(\frac{z}{2r}\right)^2 + \cdots \\
& \cdots\cdots\cdots\cdots\cdots\cdots \\
& \cdots\cdots\cdots\cdots\cdots\cdots \\
& \frac{1}{2} \cdot \frac{2}{2n+1} \cdot \left(\frac{z}{z_0}\right) \cdot \frac{1.3\ldots(2n-3)}{2.4\ldots 2(n-1)} \cdot \left(\frac{z}{2r}\right)^{n-1} + \cdots \\
& \frac{2}{2n+1} \cdot \frac{1.3\ldots(2n-1)}{2.4\ldots 2n} \cdot \left(\frac{z}{2r}\right)^n + \cdots \Big]_{z = z_1}^{z = z_0}
\end{aligned}
$$

Prenant cette intégrale entre les limites $z = z_1$ et $z = z_0$ on aura enfin :

$$
\begin{aligned}
T = 2\sqrt{\frac{r}{g}} \Big\{ & 1 + \frac{1}{2} \cdot \frac{1}{3} + \frac{1.3}{2.4} \cdot \frac{1}{5} + \cdots \frac{1.3\ldots(2n-1)}{2.4\ldots 2n} \cdot \frac{1}{2n+1} + \cdots \\
& + \frac{1}{2} \cdot \left(\frac{z_0}{2r}\right) \left[\frac{1}{3} + \frac{1}{2} \cdot \frac{1}{5} + \frac{1.3}{2.4} \cdot \frac{1}{7} + \cdots \frac{1.3\ldots(2n-3)}{2.4\ldots 2(n-1)} \cdot \frac{1}{2n+1} + \cdots \right] \\
& + \frac{1.3}{2.4} \cdot \left(\frac{z_0}{2r}\right)^2 \left[\frac{1}{5} + \frac{1}{2} \cdot \frac{1}{7} + \frac{1.3}{2.4} \cdot \frac{1}{9} + \cdots \frac{1.3\ldots(2n-5)}{2.4\ldots 2(n-1)} \cdot \frac{1}{2n+1} + \cdots \right] \\
& \cdots\cdots\cdots\cdots\cdots\cdots \\
& + \frac{1.3\ldots(2p-1)}{2.4\ldots 2p} \cdot \left(\frac{z_0}{2r}\right)^p \left[\frac{1}{2p+1} + \frac{1}{2} \cdot \frac{1}{2p+3} + \frac{1.3}{2.4} \cdot \frac{1}{2p+5} + \cdots \frac{1.3\ldots(2n-2p-1)}{2.4\ldots 2(n-p)} \cdot \frac{1}{2n+1} + \cdots \right] \\
& \cdots\cdots\cdots\cdots\cdots\cdots \Big\} \\
- 2\sqrt{\frac{r}{g}} \cdot \sqrt{\frac{z_1}{z_0}} \Big\{ & 1 + \frac{1}{2} \cdot \frac{1}{3} \cdot \left(\frac{z_1}{z_0}\right) + \frac{1.3}{2.4} \cdot \frac{1}{5} \left(\frac{z_1}{z_0}\right)^2 + \cdots \frac{1.3\ldots(2n-1)}{2.4\ldots 2n} \cdot \frac{1}{2n+1} \cdot \left(\frac{z_1}{z_0}\right)^n + \cdots \\
& + \frac{1}{2} \cdot \left(\frac{z_1}{2r}\right) \left[\frac{1}{3} + \frac{1}{2} \cdot \frac{1}{5} \left(\frac{z_1}{z_0}\right) + \frac{1.3}{2.4} \cdot \frac{1}{7} \cdot \left(\frac{z_1}{z_0}\right)^2 + \cdots \frac{1.3\ldots(2n-3)}{2.4\ldots 2(n-1)} \cdot \frac{1}{2n+1} \cdot \left(\frac{z_1}{z_0}\right)^{n-1} + \cdots \right] \\
& + \frac{1.3}{2.4} \left(\frac{z_1}{2r}\right)^2 \left[\frac{1}{5} + \frac{1}{2} \cdot \frac{1}{7} \left(\frac{z_1}{z_0}\right) + \frac{1.3}{2.4} \cdot \frac{1}{9} \left(\frac{z_1}{z_0}\right)^2 + \cdots \frac{1.3\ldots(2n-5)}{2.4\ldots 2(n-2)} \cdot \frac{1}{2n+1} \cdot \left(\frac{z_1}{z_0}\right)^{n-2} + \cdots \right] \\
& + \cdots\cdots\cdots\cdots\cdots\cdots \\
& + \frac{1.3\ldots(2p-1)}{2.4\ldots 2p} \cdot \left(\frac{z_1}{2r}\right)^p \left[\frac{1}{2p+1} + \frac{1}{2} \cdot \frac{1}{2p+3} \cdot \left(\frac{z_1}{z_0}\right) + \frac{1.3}{2.4} \cdot \frac{1}{2p+5} \cdot \left(\frac{z_1}{z_0}\right)^2 + \cdots \frac{1.3\ldots(2n-2p-1)}{2.4\ldots 2(n-p)} \cdot \frac{1}{2n+1} \cdot \left(\frac{z_1}{z_0}\right)^{n-p} + \cdots \right] \\
& + \cdots\cdots\cdots\cdots\cdots\cdots \Big\}
\end{aligned}
\qquad (18)
$$

On voit que la valeur de T est donnée par la différence de deux séries, dont les membres sont également des séries. L'une et l'autre de ces séries doivent être convergentes pour donner la solution de notre problème.

Sans entrer dans de longues et savantes discussions, on voit facilement qu'elles le sont en effet.

z_0 est l'ordonnée du point le plus haut et z_1 est celle du point le plus bas de l'aube, z_0 est donc toujours plus grand que z_1 et par conséquent $\frac{z_1}{z_0}$ toujours une fraction.

r est le rayon de courbure de l'aube, par conséquent $2r$ le diamètre plus grand que z_0 et beaucoup plus grand que z_1 ; $\frac{z_0}{2r}$ et $\frac{z_1}{2r}$ sont donc toujours des fractions assez petites.

Les séries horizontales qui forment les membres des deux séries principales ont des coëfficients de la forme

$$\frac{1}{2}, \frac{1.3}{2.4}, \frac{1.3.5}{2.4.6}, \ldots \frac{1.3\ldots(2n-1)}{2.4\ldots\ldots 2n}.$$

Ces coëfficients qui eux-mêmes forment déjà, comme on le sait, une série convergente sont encore multipliés par les fractions toujours diminuantes de

$$\frac{1}{3}, \frac{1}{5}, \frac{1}{7} \ldots\ldots \frac{1}{2n+1}$$

et dans la seconde des deux séries principales ils le sont encore par les puissances croissantes de la fraction $\left(\frac{z_1}{z_0}\right)$.

Tous les membres des deux séries principales sont donc des séries assez convergentes. Aussi voit-on que leur valeur diminue de haut en bas.

Les séries principales enfin offrent une convergence assez prononcée. Leurs membres (nos séries horizontales) ont également des coëfficients de la forme

$$\frac{1}{2}, \frac{1.3}{2.4}, \frac{1.3.5}{2.4.6}, \ldots \frac{1.3\ldots(2n-1)}{2.4\ldots\ldots 2n}$$

qui constituent eux-mêmes déjà une série convergente. Ils sont encore multipliés par les puissances croissantes des petites fractions $\frac{z_0}{2r}$ ou $\frac{z_1}{2r}$, et leur valeur diminue de haut en bas de sorte que les deux séries principales offrent une convergence assez rapide.

Les séries horizontales qui forment les membres de la première des deux séries principales sont entièrement composées de chiffres, elles ont donc des nombres déterminés pour sommes, et on peut considérablement simplifier l'expression, pour T, en cherchant ces sommes.

Pour trouver ces sommes on se rappelle que :

$$(1-y^2)^{-\frac{1}{2}} = 1+\frac{1}{2}y^2+\frac{1.3}{2.4}y^4+\frac{1.3.5}{2.4.6}y^6+\ldots\frac{1.3\ldots(2p-1)}{2.4\ldots\ldots 2p}y^{2p}+\ldots\ldots$$

En multipliant les deux membres de cette équation identique par $y^{2m}dy$ on aura :

$$\frac{y^{2m}dy}{\sqrt{1-y^2}} = y^{2m}dy+\frac{1}{2}\cdot y^{2m+2}dy+\frac{1.3}{2.4}y^{2m+4}dy+\ldots\frac{1.3\ldots(2p-1)}{2.4\ldots\ldots 2p}y^{2p+2m}dy+\ldots$$

et en intégrant entre les limites $y=o$ et $y=1$

$$\int_0^1\frac{y^{2m}dy}{\sqrt{1-y^2}} = \frac{1}{2m+1}+\frac{1}{2}\cdot\frac{1}{2m+3}+\frac{1.3}{2.4}\cdot\frac{1}{2m+5}+\ldots\frac{1.3\ldots(2p-1)}{2.4\ldots\ldots 2p}\cdot\frac{1}{2r+2p+1}+\ldots\ldots (19)$$

Mais on sait aussi que

$$\int\frac{y^{2m}dy}{\sqrt{1-y^2}} = -\frac{1}{2m}\cdot y^{2m-1}(1-y^2)^{\frac{1}{2}}+\frac{2m-1}{2m}\int\frac{y^{2m-2}dy}{\sqrt{1-y^2}}$$

et pour les limites $y=o$ et $y=1$

$$\int_0^1\frac{y^{2m}dy}{\sqrt{1-y^2}} = \frac{2m-1}{2m}\int_0^1\frac{y^{2m-2}dy}{\sqrt{1-y^2}}$$

$$= \frac{(2m-1)(2m-3)}{2m.2(m-1)}\int_0^1\frac{y^{2m-4}dy}{\sqrt{1-y^2}}$$

. . . .

$$= \frac{(2m-1)(2m-3)\ldots 1}{2m.2(m-1)\ldots 2}\int_0^1\frac{dy}{\sqrt{1-y^2}}$$

et comme

$$\int_0^1\frac{dy}{\sqrt{1-y^2}} = \text{arc. sin } y\Big\}_{y=0}^{y=1} = \text{arc. sin } 1 = \frac{\pi}{2}$$

on en déduit enfin

$$\int_0^1\frac{y^{2m}dy}{\sqrt{1-y^2}} = \frac{(2m-1)(2m-3)\ldots 1}{2m.2(m-1)\ldots 2}\cdot\frac{\pi}{2} \qquad (20)$$

On a donc avec l'équation (19)

$$\frac{(2m-1)(2m-3)\ldots 3.1}{2m.2(m-1)\ldots 4.2}\cdot\frac{\pi}{2} = \frac{1}{2m+1}+\frac{1}{2}\cdot\frac{1}{2m+3}+\frac{1.3}{2.4}\cdot\frac{1}{2m+5}+\ldots$$

$$\ldots+\frac{1.3\ldots(2p-1)}{2.4\ldots\ldots 2p}\cdot\frac{1}{2m+2p+1}+\ldots$$

Cette équation donne pour les valeurs spéciales de $m = o, 1, 2, 3\ldots$ les sommes des séries suivantes :

$$\frac{\pi}{2} = 1 + \frac{1}{2} \cdot \frac{1}{3} + \frac{1 \cdot 3}{2 \cdot 4} \cdot \frac{1}{5} + \ldots \frac{1 \cdot 3 \ldots (2p-1)}{2 \cdot 4 \ldots \ldots 2p} \cdot \frac{1}{2p+1} + \ldots$$

$$\frac{1}{2} \cdot \frac{\pi}{2} = \frac{1}{3} + \frac{1}{2} \cdot \frac{1}{5} + \frac{1 \cdot 3}{2 \cdot 4} \cdot \frac{1}{7} + \ldots \frac{1 \cdot 3 \ldots (2p-1)}{2 \cdot 4 \ldots \ldots 2p} \cdot \frac{1}{2p+3} + \ldots$$

$$\frac{1 \cdot 3}{2 \cdot 4} \cdot \frac{\pi}{2} = \frac{1}{5} + \frac{1}{2} \cdot \frac{1}{7} + \frac{1 \cdot 3}{2 \cdot 4} \cdot \frac{1}{9} + \ldots \frac{1 \cdot 3 \ldots (2p-1)}{2 \cdot 4 \ldots \ldots 2p} \cdot \frac{1}{2p+5} + \ldots$$

justement les séries qui forment les membres de la première des deux séries principales de la valeur de T (*).

Nous aurons donc enfin :

$$\left.\begin{aligned}
\mathrm{T} = \; & \pi \sqrt{\frac{r}{g}} \left[1 + \left(\frac{1}{2}\right)^2 \left(\frac{z_0}{2r}\right) + \left(\frac{1 \cdot 3}{2 \cdot 4}\right)^2 \left(\frac{z_0}{2r}\right)^2 + \left(\frac{1 \cdot 3 \cdot 5}{2 \cdot 4 \cdot 6}\right)^2 \left(\frac{z_0}{2r}\right)^3 + \ldots \left(\frac{1 \cdot 3 \ldots (2n-1)}{2 \cdot 4 \ldots \ldots 2n}\right)^2 \left(\frac{z_0}{2r}\right)^n + \ldots \right] \\
& - 2 \sqrt{\frac{r}{g}} \cdot \sqrt{\frac{z_1}{z_0}} \left\{ 1 + \frac{1}{2} \cdot \frac{1}{3} \left(\frac{z_1}{z_0}\right) + \frac{1 \cdot 3}{2 \cdot 4} \cdot \frac{1}{5} \left(\frac{z_1}{z_0}\right)^2 + \ldots \frac{1 \cdot 3 \ldots (2n-1)}{2 \cdot 4 \ldots \ldots 2n} \cdot \frac{1}{2n+1} \cdot \left(\frac{z_1}{z_0}\right)^n + \ldots \right. \\
& + \frac{1}{2} \cdot \left(\frac{z_1}{2r}\right) \left[\frac{1}{3} + \frac{1}{2} \cdot \frac{1}{5} \cdot \left(\frac{z_1}{z_0}\right) + \frac{1 \cdot 3}{2 \cdot 4} \cdot \frac{1}{7} \cdot \left(\frac{z_1}{z_0}\right)^2 + \ldots \frac{1 \cdot 3 \ldots (2n-3)}{2 \cdot 4 \ldots 2(n-1)} \cdot \frac{1}{2n+1} \cdot \left(\frac{z_1}{z_0}\right)^{n-1} + \ldots \right] \\
& + \frac{1 \cdot 3}{2 \cdot 4} \left(\frac{z_1}{2r}\right)^2 \left[\frac{1}{5} + \frac{1}{2} \cdot \frac{1}{7} \cdot \left(\frac{z_1}{z_0}\right) + \frac{1 \cdot 3}{2 \cdot 4} \cdot \frac{1}{9} \cdot \left(\frac{z_1}{z_0}\right)^2 + \ldots \frac{1 \cdot 3 \ldots (2n-5)}{2 \cdot 4 \ldots 2(n-2)} \cdot \frac{1}{2n+1} \cdot \left(\frac{z_1}{z_0}\right)^{n-2} + \ldots \right] \\
& + \ldots \ldots \ldots \ldots \ldots \ldots \ldots \ldots \ldots \\
& + \frac{1 \cdot 3 \ldots 2p-1}{2 \cdot 4 \ldots 2p} \left(\frac{z_1}{2r}\right)^p \left[\frac{1}{2p+1} + \frac{1}{2} \cdot \frac{1}{2p+3} \cdot \left(\frac{z_1}{z_0}\right) + \frac{1 \cdot 3}{2 \cdot 4} \cdot \frac{1}{2p+5} \cdot \left(\frac{z_1}{z_0}\right)^2 + \ldots \frac{1 \cdot 3 \ldots (2n-2p-1)}{2 \cdot 4 \ldots 2(n-p)} \cdot \frac{1}{2n+1} \cdot \left(\frac{z_1}{z_0}\right)^{n-p} + \ldots \right] \\
& \left. + \ldots \ldots \ldots \ldots \ldots \ldots \ldots \ldots \ldots \right] \Big\}
\end{aligned}\right\} \quad (21)$$

La première des deux séries principales est, comme on le voit, transformée en une série bien connue dans la théorie du pendule. La convergence en est très-rapide car $\left(\frac{z_0}{2r}\right)$ est toujours une assez petite fraction. Quant à la seconde des deux séries principales elle est aussi très-convergente et le calcul de quelques-uns des premiers membres suffira dans la plupart des cas qui peuvent se présenter en pratique (**).

(*) Il m'est bien agréable de pouvoir remercier ici M. Petzval, professeur de mathématiques à l'université de Vienne, d'avoir bien voulu indiquer à son ancien élève, cette belle manière de trouver la somme des séries ci-dessus.

(**) On aurait obtenu le même résultat en divisant notre intégrale (16).

$$\frac{2r}{\sqrt{2g}} \int_{z_1}^{z_0} \frac{dz}{\sqrt{2rz - z^2} \cdot \sqrt{z_0 - z}} \text{ en deux intégrales définies}$$

$$\frac{2r}{\sqrt{2g}} \left[\int_0^{z_0} \frac{dz}{\sqrt{2rz - z^2} \cdot \sqrt{z_0 - z}} - \int_0^{z_1} \frac{dz}{\sqrt{2rz - z^2} \cdot \sqrt{z_0 - z}} \right].$$

Les équations (21) et (7) contiennent comme inconnues r et β. On choisira convenablement r, on tirera de (11) et (12) les valeurs de z_1 et z_0 avec lesquelles on trouvera dans la série (21) la valeur de T qui, substituée dans (7), donnera la valeur de β.

M. Redtenbacher, dans son ouvrage cité plus haut, substitue, pour éviter les séries, dont le calcul, même quand elles sont convergentes, est toujours un peu long, très-ingénieusement à l'aube circulaire un arc de cycloïde, qu'il remplace ensuite par un cercle dont le rayon est égal au rayon moyen de courbure de la partie de la cycloïde qui forme l'aube.

Soit encore $M_1 N_1$ (fig. 7) la position moyenne de l'aube, M_1 le point le plus bas de l'aube et de la roue, et $M_2 N_2$ un arc d'une cycloïde dont la base J F est horizontale et dont D est le diamètre du cercle générateur.

La cycloïde coupe dans le point M_2 la circonférence de la roue sous un angle $= \varphi$, elle y a par conséquent une tangente d'une inclinaison à l'horizon égale à φ.

Comme toutes les cycloïdes sont géométriquement semblables, la *dimension* de la cycloïde sera donnée par le diamètre du cercle générateur.

La position horizontale de la base J F, le point M_2 et sa tangente sous un angle φ déterminent la *position* de la cycloïde.

Nous connaissons tout, excepté le diamètre du cercle générateur. Nous le trouverons par le temps d'oscillation T.

Prenons le sommet O de la cycloïde pour l'origine des coordonnées rectangulaires O X et O Z.

$\left.\begin{array}{l} M_2 R = z_1 \\ O R = x_1 \end{array}\right\}$ seront les coordonnées du point M_2

$\left.\begin{array}{l} M P = z \\ O P = x \end{array}\right\}$ celles d'une position quelconque M du mobile et

$\left.\begin{array}{l} N_1 Q = z_0 \\ O Q = x_0 \end{array}\right\}$ celles du point le plus haut N_1 de l'aube.

La première de ces intégrales aurait donné immédiatement la série du pendule et l'autre, en la traitant comme nous avons fait, nous aurait donné la seconde série de notre expression pour T. — Si l'on transforme la seconde intégrale de la manière dont on transforme ordinairement l'intégrale du pendule, on obtient pour la seconde série une autre forme, elle est composée d'une série de la forme de celle du pendule et d'une autre série très-compliquée.

Ψ l'angle de la tangente du point M avec l'axe des abscisses.

s_1 l'arc O M_1 de la cycloïde.

s_0 l'arc O N_0 de la cycloïde.

s l'arc O M de la cycloïde.

ds l'élément de ces arcs.

ρ le rayon de courbure de la cycloïde du point M.

Nous avons encore ici

$$\left.\begin{aligned} z_1 &= z_0 - \frac{u_1^2}{2g} \\ z &= z_0 - \frac{u^2}{2g} \\ \frac{u^2}{2g} &= \frac{u_1^2}{2g} - (z - z_1) \end{aligned}\right\} \qquad (22)$$

Les équations de la cycloïde pour les coordonnées choisies seront :

$$\left.\begin{aligned} x &= \sqrt{Dz - z} + \frac{D}{2} \text{ arc . cos . } \frac{D - 2z}{D} \\ \frac{dx}{dz} &= \sqrt{\frac{D - z}{z}} \\ \frac{ds}{dz} &= \sqrt{1 + \left(\frac{dx}{dz}\right)^2} = \sqrt{\frac{D}{z}} \\ \frac{dz}{ds} &= \sin \Psi = \sqrt{\frac{z}{D}} \\ \sin \varphi &= \sqrt{\frac{z_1}{D}} \\ s &= \int_0^z dz \sqrt{\frac{D}{z}} = 2\sqrt{Dz} \\ s_1 &= 2\sqrt{Dz_1} = 2D \sin \varphi \\ s_0 &= 2\sqrt{Dz_0} = 2\sqrt{D\left(z_1 - \frac{u_1^2}{2g}\right)} = 2\sqrt{Dz_1 + \frac{Du_1^2}{2g}} \\ &= 2\sqrt{\frac{s_1^2}{4} + \frac{Du_1^2}{2g}} = 2\sqrt{D^2 \sin^2 \varphi + \frac{Du_1^2}{2g}} \\ \rho &= -\frac{ds^3}{dx \cdot d^2 z} = 2\sqrt{D(D - z)} = \sqrt{4D^2 - s^2} \end{aligned}\right\} \qquad (23)$$

L'équation différentielle du mouvement sera comme précédemment

$$u = \frac{ds}{dt}$$

ou à cause de

$$\frac{u_1^2}{2g} = \frac{u^2}{2g} + z - z_1$$

$$dt = \frac{ds}{\sqrt{u_1^2 - 2g(z - z_1)}} = \frac{ds}{\sqrt{u_1^2 - 2g\left(\frac{s^2}{4D} - \frac{s_1^2}{4D}\right)}}$$

par conséquent le temps d'une oscillation entière

$$T = 2 \int_{s_1}^{s_0} \frac{ds}{\sqrt{u_1^2 + 2g\frac{s_1^2}{4D} - \frac{2g}{4D}\cdot s^2}}$$

et en intégrant

$$T = 2\sqrt{\frac{2D}{g}} \text{ arc . sin } s \sqrt{\frac{\frac{g}{2D}}{u_1^2 + \frac{gs_1^2}{2D}}} \Bigg|_{s = s_1}^{s = s_0}$$

$$T = 2\sqrt{\frac{2D}{g}} \left\{ \text{arc . sin . } 1 - \text{arc . sin} \sqrt{\frac{\frac{g}{2D}}{u_1^2 + \frac{gs_1^2}{2D}}} \right\}$$

$$T = 2\sqrt{\frac{2D}{g}} \left\{ \frac{\pi}{2} - \text{arc sin} \sqrt{\frac{2gD\sin^2\varphi}{u_1^2 + 2gD\sin^2\varphi}} \right\}$$

$$T = 2\sqrt{\frac{2D}{g}} \text{ . arc . cos .} \sqrt{\frac{2gD\sin^2\varphi}{u_1^2 + 2gD\sin^2\varphi}} \tag{24}$$

Expression par laquelle D ou la *dimension* de la cycloïde est déterminée.

L'aube n'est formée que par une partie M_2N_2 de la cycloïde. Si l'on veut la remplacer par un arc de cercle, il faut, pour s'en rapprocher le plus possible, lui donner un rayon égal au rayon moyen de courbure de la partie M_2N_2 de la cycloïde.

Comme le rayon de courbure ne varie pas proportionnellement à l'arc, le rayon moyen ne sera pas le moyen arithmétique entre le rayon de courbure du point M_2 et celui du point N_2.

Divisons tout l'arc dans ces éléments ds, chacun de ces éléments aura un autre rayon de courbure ρ. Si nous le représentons graphiquement en prenant les ds pour abscisses et les ρ correspondants pour ordonnées, la courbe MN (fig. 8) aura pour équation

$$\rho = f(s)$$

Il est clair que la valeur moyenne de $f(s)$ sera celle où la surface M O P sera égale à la surface N O Q ou

$$\rho_m (s_0 - s\ ) = \int_{s_1}^{s_0} \rho\, ds.$$

Il en résulte le rayon moyen de courbure ρ_m ou le rayon de courbure r des aubes.

$$\rho_m = r = \frac{\int_{s_1}^{s_0} \rho\, ds}{s_0 - s_1} \tag{25}$$

Aussi

$$r = \frac{\int_{s_1}^{s_1} ds \sqrt{4D^2 - s^2}}{s_0 - s_1} = \frac{\left.\frac{1}{2}\, s\sqrt{4D^2 - s^2} + \frac{4D^2}{2} \text{arc . sin} \frac{s}{2D}\right\}_{s=s_1}^{s=s_0}}{s_0 - s_1}$$

$$r = \frac{s_0\sqrt{4D^2 - s_0^2} + 4D^2 \text{ arc sin} \frac{s_0}{2D} - s_1\sqrt{4D^2 - s_1^2} - 4D^2 \text{ arc sin} \frac{s_1}{2D}}{2(s_0 - s_1)}$$

$$r = \frac{s_0\sqrt{4D^2 - s_0^2} + 4D^2 \text{ arc . sin} \frac{s_0}{2D} - 2D^2 (\sin 2\varphi + 2\varphi)}{2(s_0 - 2D \sin \varphi)} \tag{26}$$

Équation dans laquelle

$$s_0 = 2\sqrt{D^2 \sin^2 \varphi + \frac{D u_1^2}{2g}} \tag{27}$$

On voit que le temps d'oscillation T est déterminé par les équations (24), (26) et (27), aussi bien qu'il l'a été par la série (21).

Bien qu'il soit maintenant déterminé en forme finie, le calcul n'en est pas encore trop simple, car il faut chercher D par tâtonnement dans l'équation (26).

La latitude laissée dans le choix de r facilite beaucoup le calcul, et l'on n'aura pas besoin de nombreuses substitutions pour D pour arriver à un r convenable.

Nous sommes donc parvenus à pouvoir déterminer ρ ou par la série (21) ou par la forme finie, et à remplir la condition que le point de l'entrée de l'eau et celui de sa sortie soient au même niveau.

4.

Sortie de l'eau des aubes.

Si nous supposons que la courbure des aubes soit déterminée d'après le chapitre précédent, et que l'eau, après avoir accompli son oscillation sur l'aube, sorte au même niveau qu'elle est entrée, sa vitesse de sortie sera aussi égale à sa vitesse d'entrée.

Nous faisons abstraction de la faible perte de vitesse qui provient du frottement et de l'adhérence de l'eau sur les aubes.

La force centrifuge n'a aucune influence sur la vitesse de sortie, car elle retarde, comme nous l'avons déjà dit, autant l'ascension qu'elle accélère la descente.

Soit encore (fig. 9) $M_2 N_2$ la position moyenne de l'aube, C le centre de la roue, M une position quelconque du mobile.

A cause du grand diamètre de la roue on peut supposer que la force centrifuge agisse dans toutes les positions du mobile dans le sens vertical.

Désignons la masse du mobile par m, le rayon de sa position par r sa force centrifuge sera

$$m \, . \, r \, . \, \omega^2.$$

Pendant que le mobile monte de M jusqu'à m la force centrifuge développe un travail élémentaire

$$-dr \, . \, m \, . \, r \, . \, \omega^2$$

et le travail total qui retarde l'ascension du mobile sera

$$-\int_{R}^{R_1} m \, . \, \omega^2 \, . \, rdr = \frac{m\,\omega^2\,(R^2 - R_1{}^2)}{2}$$

Pour la descente on trouve de la même manière le travail de la force centrifuge accélératrice

$$\frac{m\,\omega^2\,(R^2 - R_1{}^2)}{2}$$

Ces deux travaux se neutralisent mutuellement, résultat qui est d'accord avec la nature de la force centrifuge.

L'eau sort donc avec sa vitesse relative d'entrée $u_1 = M_1 h$ (fig. 10), mais possédant aussi la vitesse de rotation de la roue $v = M_1 i$, sa véritable vitesse de sortie sera la résultante de v et u_1.

$$\omega = M_1 k.$$

Le théorème de Carnot nous donne

$$\omega^2 = u_1^2 + v^2 - 2 u_1 v \cos \varphi \tag{28}$$

La valeur de u_1 donnée par (3) est

$$u_1 = \sqrt{V^2 - v^2 \sin^2 \varphi} - v \cos \varphi$$

par conséquent

$$\omega^2 = V^2 + 4v^2 \cos^2 \varphi - 4v \cos \varphi \sqrt{V^2 - v^2 \sin^2 \varphi}. \tag{29}$$

Le second principe sur lequel la roue est basée est que l'eau doit la quitter sans vitesse. Nous devrions donc avoir

$$V^2 + 4v^2 \cos^2 \varphi - 4v \cos \varphi \sqrt{V^2 - v^2 \sin^2 \varphi} = o. \tag{30}$$

Dans cette équation V étant $\sqrt{2gH}$ est une valeur donnée et il reste à déterminer v et φ.

Faisons pour abréger

$$\frac{v}{V} = m$$

et nous aurons :

$$1 + 4m^2 \cos^2 \varphi - 4m \cos \varphi \sqrt{1 - m^2 \sin^2 \varphi} = o$$

Il en résulte

$$\cos \varphi = \frac{1}{2m \sqrt{2 - 4m}} \tag{31}$$

expression qui donne pour une vitesse à la circonférence connue, ou ce qui revient au même pour un m connu, la position φ des aubes.

Mais $\cos \varphi$ doit être non seulement réel, il doit être aussi plus petit que l'unité.

Le dénominateur $2\,m \sqrt{2 - 4\,m^2}$ est un maximum pour $m = \frac{1}{2}$, la plus petite valeur de $\cos \varphi$ est par conséquent $= 1$.

On voit que la relation (30) ne donne qu'une seule valeur possible pour φ ; c'est

$$\varphi = o$$

et cela pour $m = \frac{1}{2}$ ou pour

$$v = \frac{1}{2} V$$

c'est-à-dire que les aubes devraient être tangentes, à la circonférence de la roue; que l'eau devrait aussi arriver tangentiellement à la roue, et que cette dernière devrait tourner avec la moitié de la vitesse de l'eau affluente.

Les deux premières conditions ne peuvent être réalisées pour une veine fluide d'une épaisseur réelle, mais nous en tirons toujours la règle pour lui donner une faible épaisseur et pour faire φ le plus petit possible.

Heureusement que la perte d'effet qui en résulte n'est pas grande.

Nous l'appellerons p_2 et nous aurons

$$p_2 = 1000\,Q\,.\,\frac{w^2}{2g}\ \text{kilogm.} \qquad (32)$$

La troisième condition est très-facile à remplir, mais elle n'a aucune importance quand φ n'est pas en même temps égal à zéro.

Décomposons la vitesse w en une composante horizontale $M\,l = w_1$ et en une verticale $M\,m = w_2$.

La composante verticale est détruite par la résistance du fond du canal de fuite.

La composante horizontale sert à l'écoulement de l'eau dans le bief inférieur.

On trouve facilement en décomposant v et u_1 dans leur composantes horizontales et verticales

$$w_1 = v\cos\beta - u_1\cos(\varphi + \beta) \qquad (33)$$

$$w_2 = v\sin\beta + u_1\sin(\varphi + \beta) \qquad (34)$$

Pour u_1 sa valeur (3)

$$w_1 = v\left[\cos\beta + v\cos\varphi\cos(\beta + \varphi) - \sqrt{\left(\frac{V}{v}\right)^2 - \sin^2\varphi}\right] \qquad (35)$$

On voit que plus la valeur de v augmentera plus augmentera aussi celle de w_1, plus facilement l'eau s'écoulera dans le canal de fuite, et moins aurons-nous à craindre une eau refluente vers la roue.

Il convient donc de prendre v assez élevé.

Les expériences de M. Poncelet donnent pour la valeur la plus convenable :

$$v = 0.55\ V \qquad (36)$$

valeur un peu plus grande que 0.5 V.

Les expériences faites avec une roue que j'ai établie ont entièrement confirmé ce résultat.

5.

Détermination des dimensions de la roue.

Nous avons exposé précédemment toutes les conditions qui doivent être remplies par les dimensions de la roue pour en obtenir un bon effet utile.

Ces conditions sont en résumé les suivantes :

(1) $$v \sin \varphi = V \sin (\varphi - \alpha) \tag{37}$$

(3) $$u_1 = \sqrt{V^2 - v^2 \sin^2 \varphi} - v \cos \varphi \tag{38}$$

(7) et (21)

$$\begin{aligned}
\frac{2 R \beta}{v} = \pi \sqrt{\frac{r}{g}} \Big[1 + \left(\frac{1}{2}\right)^2 \cdot \left(\frac{z_0}{2r}\right) + \left(\frac{1.3}{2.4}\right)^2 \cdot \left(\frac{z_0}{2r}\right)^2 + \ldots \left(\frac{1.3 \ldots (2n-1)}{2.4 \ldots 2n}\right)^2 \left(\frac{z_0}{2r}\right)^n + \ldots \Big] \\
- 2 \sqrt{\frac{r}{g}} \cdot \sqrt{\frac{z_1}{z_0}} \Big\{ 1 + \frac{1}{2} \cdot \frac{1}{3} \cdot \left(\frac{z_1}{z_0}\right) + \frac{1.3}{2.4} \cdot \frac{1}{5} \left(\frac{z_1}{z_0}\right)^2 + \ldots \frac{1.3 \ldots (2n-1)}{2.4 \ldots 2n} \cdot \frac{1}{2n+1} \cdot \left(\frac{z_1}{z_0}\right)^n + \ldots \Big] \\
+ \frac{1}{2} \cdot \left(\frac{z}{2r}\right) \Big[\frac{1}{3} + \frac{1}{2} \cdot \frac{1}{5} \cdot \left(\frac{z_1}{z_0}\right) \cdot \frac{1.3}{2.4} \cdot \frac{1}{7} \cdot \left(\frac{z_1}{z_0}\right)^2 + \ldots\ldots + \ldots \frac{1.3 \ldots (2n-3)}{2.4 \ldots 2(n-1)} \cdot \frac{1}{2n+1} \cdot \left(\frac{z_1}{z_0}\right)^{n-1} + \ldots \Big] \\
+ \frac{1.3}{2.4} \cdot \left(\frac{z}{2r}\right)^2 \Big[\frac{1}{5} + \frac{1}{2} \cdot \frac{1}{7} \cdot \left(\frac{z_1}{z_0}\right) + \frac{1.3}{2.4} \cdot \frac{1}{9} \left(\frac{z_1}{z_0}\right)^2 + \ldots\ldots + \ldots \frac{1.3 \ldots (2n-5)}{2.4 \ldots 2(n-2)} \cdot \frac{1}{2n+1} \cdot \left(\frac{z_1}{z_0}\right)^{n-2} + \ldots \Big] \\
+ \ldots\ldots\ldots\ldots\ldots\ldots\ldots\ldots\ldots\ldots \\
+ \frac{1.3 \ldots (2p-1)}{2.4 \ldots 2p} \cdot \left(\frac{z}{2r}\right)^p \Big[\frac{1}{2p+1} + \frac{1}{2} \cdot \frac{1}{2p+3} \cdot \left(\frac{z_1}{z_0}\right) + \frac{1.3}{2.4} \cdot \frac{1}{2p+5} \cdot \left(\frac{z_1}{z_0}\right)^2 + \ldots \frac{1.3 \ldots (2n-2p-1)}{2.4 \ldots 2(n-p)} \cdot \frac{1}{2n+1} \cdot \left(\frac{z_1}{z_0}\right)^{n-p} \Big] \ldots \\
+ \ldots\ldots\ldots\ldots\ldots\ldots\ldots\ldots\ldots\ldots \Big\}
\end{aligned}$$

(11) $$z_1 = r (1 - \cos \varphi)$$

(12) $$z_0 = \frac{u_1^2}{2g} + z_1 \tag{39}$$

(7) et (24) $$\frac{2 R \beta}{v} = 2 \sqrt{\frac{2 D}{g}} \cdot \text{arc} \cdot \cos \sqrt{\frac{2 g D \sin^2 \varphi}{u_1^2 + 2 g D \sin^2 \varphi}}$$

(26) $$r = \frac{s_0 \sqrt{4 D^2 - s_0^2} + 4 D^2 \text{ arc sin } \frac{s_0}{2 D} - 2 D^2 (\sin 2\varphi + 2\varphi)}{2 (s_0 - 2 D \sin \varphi)} \tag{40}$$

(27) $$s_0 = 2 \sqrt{D^2 \sin^2 \varphi + \frac{D u_1^2}{2g}}$$

(28) $$w^2 = u_1^2 + v^2 - 2 u_1 v \cos \varphi \tag{41}$$

(33) $$w_1 = v \cos \beta - u_1 \cos (\varphi + \beta) \tag{42}$$

La première de ces relations (37) exprime la condition qui doit être satisfaite par V, v, φ et α pour que l'eau entre sans choc.

Les équations (39) et (40) donnent une relation entre le rayon de la roue, le point d'entrée de l'eau dans les aubes, et le rayon de courbure de ces dernières.

La relation (42) donne la section du canal de fuite.

Il y a dans la première (37) quatre valeurs V, v, φ et α.

La valeur de V est déjà donnée

$$V = \sqrt{2 g H} \qquad (43)$$

v est également déterminé

$$v = 0.55\ V = 0.55 \sqrt{2 g H} \qquad (44)$$

Nous trouvons avec ces valeurs de V et v dans l'équation (37)

$$v \sin \varphi = V \sin \varphi \cos \alpha - V \cos \varphi \sin \alpha$$

$$\text{tang} . \varphi = \frac{\sin \alpha}{\cos \alpha - 0.55} . \qquad (45)$$

Cette relation dans laquelle α reste entièrement arbitraire nous montre que α et φ croissent et diminuent ensemble.

Nous savons que φ doit être le plus petit possible pour diminuer la perte d'effet qui accompagne la sortie de l'eau, il faudra donc prendre α aussi assez petit. Cependant il ne faut pas pousser trop loin la diminution de α car nous avons équation (4)

$$\theta = \frac{\Delta}{R \sin \alpha} .$$

Un α trop petit conduirait à une grande valeur de θ, et un grand angle θ exigerait une forte courbe dans le coursier qui ne conduirait pas bien les filets de la veine fluide.

Mais pour pouvoir faire α assez petit sans trop augmenter l'angle θ on prendra Δ très-petit et R très-grand ou en d'autres termes on fera de larges roues et on leur donnera de grands diamètres. C'est dans chaque cas spécial que l'on verra si l'on doit faire une grande roue coûteuse pour obtenir le meilleur effet possible, ou si l'on doit se contenter d'un rendement moins grand pour avoir une roue économique de plus petites dimensions.

Il reste pourtant encore assez de latitude dans le choix de α car même pour un $\varphi = 30^{\circ}$ la perte d'effet à la sortie de l'eau n'est que de 8 pour cent.

Les roues à la Poncelet doivent avoir par conséquent de fortes dimensions ce qui confirme l'opinion de M. Redtenbacher sur les roues exécutées jusqu'à ce jour, c'est-à-dire qu'elles sont trop petites.

Les équations (39) et (40) contiennent R, r et β.

Nous venons de voir qu'il faut donner aux roues de grands diamètres, on prendra donc R assez grand.

Quant au rayon de courbure des aubes r il n'est soumis qu'à la condition d'être assez grand pour que l'élément supérieur de l'aube dans sa position moyenne ne soit pas trop incliné à l'horizon; seulement il ne faut pas le prendre inutilement trop grand pour ne pas trop augmenter l'angle β, ce qui donnerait un coursier trop incliné devant la roue.

On fera facilement un choix convenable pour r en traçant les couronnes de la roue, dont nous allons donner la hauteur, et en traçant l'aube dans sa position moyenne.

Ayant choisi R et r, on calcule z_1 et z_0 et (39) donne l'angle β qui détermine le point d'entrée du filet moyen de la veine fluide dans la roue.

Après avoir ainsi calculé β, on trouve β' l'angle qui correspond à l'entrée du filet supérieur. Il est :

$$\beta' = \beta + \frac{\theta}{2}$$

$$\beta' = \beta + \frac{\Delta}{2R \sin \alpha} \qquad (46)$$

et l'inclinaison de la partie droite du coursier à l'horizon

$$\gamma = \beta - \alpha \qquad (47)$$

La largeur de la roue résulte de l'épaisseur Δ de la veine fluide

$$l . \Delta . V = Q.$$

d'où

$$l = \frac{Q}{\Delta \sqrt{2gH}} \qquad (48)$$

La profondeur du canal de fuite résulte de la vitesse horizontale d'écoulement w_1 (42)

$$l . t . w_1 = Q$$

$$t = \frac{Q}{l . w_1} = \frac{\Delta V}{w_1}$$

$$t = \frac{\Delta \sqrt{2gH}}{v \cos \beta - u_1 \cos (\varphi + \beta)} \qquad (49)$$

Quant à la hauteur des couronnes, il est à remarquer que les aubes doivent être plus hautes que le sommet de l'oscillation de l'eau sur elles.

Le filet supérieur EF (fig. 11) entre en F dans la roue avec une vitesse relative u_1. En vertu de cette vitesse, il s'élèverait de $\frac{u_1^2}{2g}$ au-dessus de la ligne horizontale F G, s'il n'était pas retardé par la force centrifuge qui fait qu'il n'atteint pas tout-à-fait la hauteur $\frac{u_1^2}{2g}$.

Nous négligerons néanmoins l'influence de la force centrifuge, non-seulement pour simplifier le calcul mais aussi pour obtenir les aubes un peu plus hautes que l'élévation de l'eau.

Nous aurons donc pour la hauteur des couronnes :

$$c = MN = MK + \frac{u_1^2}{2g}$$

$$MK = R(1 - \cos \beta')$$

$$c = \frac{u_1^2}{2g} + R(1 - \cos \beta') \qquad (50)$$

Nous sommes donc parvenus à déterminer tous les éléments de construction de la roue, sauf le nombre d'aubes, pour lequel il est impossible de trouver une règle théorique. On en mettra le plus possible sans toutefois augmenter outre mesure le coût et les difficultés de construction.

6.

Effet utile.

Si l'on retranche toutes les pertes d'effet de l'effet brut de l'eau

$$E_b = 1000\, QH. \qquad (51)$$

on obtient l'effet utile de la roue. Les pertes d'effet que subit la force vive de l'eau sont principalement les suivantes :

1° Perte d'effet qui accompagne l'entrée de l'eau.

Toutes les molécules de la veine fluide ne peuvent pas être introduites sans choc dans la roue, car elle ne remplissent la condition (1) que quand le bord de l'aube se présente à leur entrée. Il y a donc une petite perte d'effet produite par le choc qu'exercent les molécules entrant entre deux aubes dans la roue. En mettant beaucoup d'aubes et en leur donnant un rayon de courbure assez grand, on diminuera considérablement cette perte.

Le calcul de cette perte conduit à des formules extrêmement compliquées sans aucune valeur pratique, nous nous passerons donc d'entrer dans ces calculs.

2° Perte d'effet qui provient des mouvements pertubateurs dans la masse de l'eau quand elle séjourne et oscille dans la roue.

Il n'existe aucun moyen de calculer cette perte.

3° Perte d'eau par l'espace qui reste entre la circonférence extérieure de la roue et le fond du coursier.

Cette perte est comme nous l'avons vu en grande partie évitée par une bonne disposition du coursier. La valeur maximum à laquelle elle pourrait s'élever est (6)

$$p_1 = \frac{s}{\Delta} \cdot 1000\,Q\,H \text{ kilogm.} \qquad (52)$$

4° Perte d'effet qui accompagne la sortie de l'eau. Elle est (26).

$$p_2 = Q \cdot \frac{w^2}{2g} \text{ kilogm.} \qquad (53)$$

5° Perte d'effet provenant du frottement et de l'adhérence de l'eau sur les aubes et sur les parois du coursier.

Cette perte est tellement petite que nous pouvons la négliger.

6° Perte d'effet produite par le frottement des tourillons de la roue dans leurs coussinets. Soit P le poids de la roue en kilogrammes, d le diamètre des tourillons en mètres, f le coëfficient du frottement et cette perte sera :

$$p_3 = f \cdot P \cdot v \cdot \frac{d}{2R} \qquad (54)$$

Cette perte est quelquefois assez considérable pour les roues à la Poncelet, qui, comme nous savons, marchent vite et doivent avoir de fortes dimensions.

Il faudra toujours construire ces roues très-légères, le fer forgé et la tôle sont les matériaux les plus convenables si l'économie de construction ne s'y oppose pas.

Toutes ces pertes d'effet devraient être calculées et alors retranchées de l'effet brut pour obtenir l'effet utile, mais comme il est impossible de les calculer toutes, il faut se contenter de ce que l'expérience a donné pour l'effet utile de bonnes roues de Poncelet.

De bonnes roues de ce système donnent 55 à 60 pour cent d'effet utile.

Il est à espérer que les améliorations que nous apportons dans le tracé de ces roues augmenteront de beaucoup l'effet utile, nous pourrons donc prendre au moins :

$$N_n = 0.6\,N_b \text{ à } 0.7\,N_b. \qquad (55)$$

SECONDE PARTIE.

RÈGLES PRATIQUES.

I

Règles pratiques.

Nous avons exposé dans la première partie la manière générale de calculer les dimensions de la roue après avoir choisi celles qui restent arbitraires et qui entrent comme suppositions dans le calcul.

Nous choisirons convenablement ces dernières et nous calculerons ensuite celles qui doivent satisfaire aux conditions exposées dans la partie théorique de ce mémoire.

Il en résultera des règles pratiques pour la construction de nos roues, règles tellement simples que l'on n'éprouvera aucune difficulté à les appliquer même sans avoir étudié les démonstrations théoriques e la première partie. Néanmoins nous citerons toujours les équations de la première partie dont nous tirerons les règles pratiques.

Pour la construction d'une roue hydraulique on a généralement pour données :

La quantité d'eau affluente par seconde en mètres cubes = Q et la chute en mètres = H.

Avec ces données on a :

L'effet brut de l'eau en chevaux

$$N_b = 1000 \frac{Q \cdot H}{75} \tag{56}$$

L'effet utile de la roue (55)

$$N_u = 0.6\, N_b \text{ à } 0.7\, N_b \tag{57}$$

La vitesse de l'eau affluente (43)

$$V = \sqrt{2gH} = 4.429 \sqrt{H} \tag{58}$$

La vitesse à la circonférence de la roue (36)

$$V = 0.55\, V = 0.55 \sqrt{2gH} = 2.436 \sqrt{H}. \tag{59}$$

Nous choisirons :

Pour le rayon de la roue

$$R = 2H. \tag{60}$$

Pour l'angle α sous lequel les filets de la veine fluide coupent la circonférence de la roue

$$\alpha = 15^\circ. \tag{61}$$

Pour l'épaisseur de la veine fluide

$$e = \frac{1}{6} H \tag{62}$$

Pour le rayon de courbure des aubes

$$r = 0.75 H \tag{63}$$

et nous trouverons :

La largeur de la roue (48)

$$l = \frac{6Q}{H\sqrt{2gH}} = \frac{1.355\,Q}{H\sqrt{H}}. \tag{64}$$

L'angle φ sous lequel les aubes coupent la circonférence de la roue

$$\varphi = 31^\circ\, 54'. \tag{65}$$

La vitesse relative de l'entrée de l'eau dans les aubes (3)

$$\left.\begin{array}{l} u_1 = 0.4899\, V \\ u_1 = 2.1697 \sqrt{H} \end{array}\right\} \tag{66}$$

La durée d'une oscillation de l'eau sur l'aube (39)

$$T = 0.5906 \sqrt{H} \text{ secondes.} \tag{67}$$

L'angle au centre de la roue β qui correspond à l'entrée du filet milieu (39).

$$\beta' = 20^\circ\, 36' \tag{68}$$

L'angle au centre de la roue β' qui correspond à l'entrée du filet supérieur (46).

$$\beta' = 29^\circ\, 50' \tag{69}$$

L'angle θ qui correspond au centre de la roue à l'arc embrassé par la veine fluide (4).

$$\theta = 18^\circ\, 27' \tag{70}$$

L'inclinaison γ de la partie droite du coursier à l'horizon (47)

$$\gamma = 14^\circ\, 50' \text{ (*)} \tag{71}$$

(*) Le calcul approximatif avec une aube formée d'un arc de cycloïde donne (40) $D = 0.53 H$, $\beta = 20^\circ\, 47'$, $\beta' = 30^\circ$, $T = 0.595\sqrt{H}$, valeurs qui ne diffèrent pas beaucoup de celles données ci dessus.

Le rayon du cercle générateur de la développante L N (fig. 12) qui forme la partie courbée du coursier (5)

$$r_1 = 0.5176 \text{ H} \tag{72}$$

La hauteur des couronnes (50)

$$e = 0.505 \text{ H} \tag{73}$$

La vitesse absolue de sortie

$$\left.\begin{aligned} w &= 0.2915 \text{ V} \\ w &= 1.2910 \sqrt{\text{H}} \end{aligned}\right\} \tag{74}$$

Sa composante horizontale avec laquelle l'eau s'écoule dans le bief inférieur (33)

$$\left.\begin{aligned} w_1 &= 0.2166 \text{ V} \\ w_1 &= 0.9593 \sqrt{\text{H}} \end{aligned}\right\} \tag{75}$$

Sa composante verticale détruite par la résistance du fond du canal de fuite (34)

$$\left.\begin{aligned} w_2 &= 0.1951 \text{ V} \\ w_2 &= 0.8640 \sqrt{\text{H}} \end{aligned}\right\} \tag{76}$$

La profondeur du canal de fuite (49)

$$t = 0.7695 \text{ H} \tag{77}$$

La perte d'effet maximum par le jeu s sous la roue (52)

$$p_1 = 6000 \text{ Q } s \text{ kilogm.} \tag{78}$$

(s étant ordinairement de $0^m,015$ à $0^m,02$).

La perte d'effet qui accompagne la sortie de l'eau (53)

$$p_2 = 85 \text{ Q H ou } 8.5 \text{ p. c.} \tag{79}$$

Le nombre de tours de la roue par minute sera

$$n = 9.548 \frac{v}{\text{R}} \tag{80}$$

et nous prendrons pour le nombre d'aubes

$$48. \tag{81}$$

Nous avons maintenant déterminé toutes les dimensions de la roue et l'on voit que, sauf la largeur qui dépend de la quantité d'eau, toutes les dimensions linéaires sont proportionnelles à la chute et que tous les angles sont constants, par conséquent toutes les roues de Poncelet peuvent être faites en élévation *géométriquement semblables.*

La figure (12) représente le tracé de la roue d'après ces dimensions.

Les règles que nous venons de trouver sont en effet très-simples et il a donc bien valu la peine de ne pas reculer devant les difficultés des calculs de la première partie de ce mémoire pour arriver à ce beau résultat.

2.

Conclusion.

Il nous reste encore à mentionner l'accord qui règne entre l'expérience et la théorie exposée dans les chapitres précédents.

Nous avons eu l'occasion de voir deux roues construites d'après notre théorie, l'une que nous avons établie nous-mêmes en 1853, dans la basse Autriche, aux environs de Vienne, et l'autre pour la construction de laquelle nous avons été consultés en 1854, à Ostrau, en Moravie.

La première de ces roues a été construite pour remplacer une ancienne roue à palettes, nous étions obligés de conserver le diamètre et la largeur de l'ancienne roue, et de laisser subsister un coursier droit comme l'indique la figure (1).

La quantité de l'eau affluente était environ de 2 mètres cubes par seconde et la chute de 0.94 mètres.

Les dimensions de la roue que nous avons dû chercher dans les grandes équations générales de la première partie étaient

$R = 2^m,58$ }
$l = 4^m,74$ } Dimensions données par l'ancienne roue et par l'ancien coursier.
$\alpha = 13^\circ 8'$ pour le filet milieu }
$\varphi = 28^\circ 12'$
$\beta = 18^\circ 38'$
$\gamma = 5^\circ 30'$
$c = 0^m,54$
$r = 1^m,17$
$s = 0^m,015$
$\Delta = 0^m,13$
$t = 0^m,485$
$T = 0.485$ secondes
Nombre d'aubes 48.

Nous avons fait avec cette roue quelques expériences qui, bien que peu nombreuses et entreprises dans des circonstances désavantageuses, nous ont donné la satisfaction de voir l'accord le plus parfait entre les suppositions du calcul et l'expérience.

Pendant la durée de nos expériences nous disposions d'une chute de 0^m9 et d'une quantité d'eau de 1.9 mètres cubes par seconde, la force brute de l'eau était donc de 22.8 chevaux.

Nous regrettons de ne pas avoir pu mettre le frein immédiatement sur l'arbre de la roue. Cette dernière était munie de chaque côté d'une denture qui activait un arbre horizontal, qui lui-même transmettait la force reçue à un grand arbre vertical passant par plusieurs étages.

C'est à l'arbre horizontal que nous avons appliqué le frein, mais il nous était très-difficile de débrayer l'arbre vertical et il a bien fallu le laisser marcher.

Les expériences donnèrent d'abord pour la vitesse la plus avantageuse de la roue $2^m,32$ ce qui est assez exactement $0.55 \sqrt{2gH}$ comme nous l'avons supposé dans le calcul.

Quant à l'effet utile nous n'obtînmes que 12.7 chevaux ou 55.7 pour cent, mais si l'on tient compte du frottement de tous les engrenages, du frottement de l'arbre horizontal et de celui de l'arbre vertical qui avec tous ses engrenages et poulies était très-pesant, on conçoit facilement que, malgré la circonstance fâcheuse d'avoir dû laissé subsister un mauvais coursier droit, l'effet utile rendu réellement par la roue devait dépasser les 60 p. c. indiqués dans la théorie.

Les phénomènes qui accompagnèrent la mise en train et l'établissement du régime dans la marche de la roue confirmèrent entièrement toutes les suppositions qui forment la base de nos calculs.

Aussitôt que la vanne fut levée l'eau se précipita avec violence dans la roue, dépassa les aubes, remplit tout le bas de la roue d'une masse tourbillonnante et écumante et s'amassa dans le canal de fuite. Peu à peu la roue se mit en mouvement, on entendit très-distinctement le choc de l'eau contre chaque aube, le bas de la roue continua à être immergé et l'eau s'amassa toujours dans le canal de fuite.

Plus le mouvement de la roue s'accéléra, moins on entendit le choc de l'eau contre les aubes,. plus l'eau diminua dans le bas de la roue et plus le niveau baissa dans le canal de fuite.

Quand la roue fit enfin 8.2 tours, ce qui correspondait à son maximum d'effet utile, on n'entendit plus que le bruissement de l'eau, et celle-ci monta en masse claire et unie, atteignit, sans dépasser les aubes, le sommet de son ascension et descendit aussi tranquillement qu'elle était montée. L'eau quitta enfin la roue sous le niveau normal du bief-inférieur et cessa de s'y amasser.

Quand on fit dépasser à la roue sa vitesse la plus avantageuse, on entendit de nouveau le choc de la veine-fluide contre chaque aube, l'eau écuma de nouveau; cependant, elle ne déborda pas les aubes. Mais la roue marchant trop vite, les molécules de l'eau n'eurent pas le temps de finir leur oscillation sur l'aube et elles sortirent au-dessus du niveau du bief-inférieur où elles formèrent des vagues tourbillonnantes.

En augmentant encore la vitesse de la roue, son effet utile diminua rapidement et il devint zéro quand la roue fit 15 tours, ce qui s'approche du double de sa vitesse la plus avantageuse.

En général, la roue se montra très-sensible aux changements de vitesse.

On voit que tous ces phénomènes confirment toutes les suppositions que nous avons faites dans notre théorie.

L'ancienne roue à palettes ne donnait pour une chute de 0.9 mètres et pour une quantité d'eau de 2 mètres cubes par seconde, qu'un effet utile de 5.7 chevaux ou 24 pour cent, ce qui montre clairement l'avantage obtenu par l'établissement d'une roue du système Poncelet, même sans avoir pu lui donner un coursier courbe, la largeur et le diamètre qu'exige un maximum relatif d'effet utile.

Le changement d'une roue à palettes en une roue à la Poncelet coûtera presque toujours moins que l'établissement d'une turbine neuve qui exigera toujours un changement entier des constructions hydrauliques, des fondations et de la transmission, la turbine elle-même aura aussi pour de petites chutes et de grandes quantités d'eau, c'est-à-dire, là où la roue de Poncelet convient le mieux, de fortes dimensions et sera une pièce assez coûteuse.

On voit que bien que la turbine donne toujours pour de petites chutes et de grandes quantités d'eau un meilleur effet qu'une roue hydraulique, on se trouvera souvent dans le cas de changer avec grand avantage une ancienne roue à palettes en une roue de Poncelet.

La seconde roue construite d'après notre théorie a été établie par un de nos amis, M. Dingler, à Ostrau, en Moravie, pour activer son moulin à farine.

La quantité de l'eau affluente était de 1 mètre cube par seconde et la chute de 1.50 mètres; par conséquent, la force brute de l'eau 20 chevaux.

La roue fut d'abord construite d'après les anciennes règles données dans plusieurs traités de mécaniques, mais elle ne suffit pas pour activer le moulin qui, du reste, n'exigeait pas trop de force, et le propriétaire vit son entreprise sur le point de manquer.

M. Dingler, après nous avoir consulté, changea la position des aubes et parvint à remplir quelques-unes des conditions théoriques exposées dans le présent mémoire et l'effet qu'il obtint fut tellement satisfaisant que la roue active encore actuellement le moulin, même avec un surplus de force.

M. Dingler a eu aussi l'occasion d'observer les mêmes phénomènes que nous avons cités plus haut et il a pu se convaincre de l'accord parfait entre notre théorie et l'expérience.

Note. La dernière édition de la mécanique pratique de M. le général Morin vient de paraître pendant l'impression de ce Mémoire. Nous y apprenons que M. le général Poncelet, après avoir essayé différentes courbes, a enfin abandonné son ancien coursier spiral et lui a substitué un arc de développante de cercle. Nous supposons que les motifs qui ont conduit M. Poncelet à opérer cette substitution sont les mêmes que nous avons exposés page 14 et nous sommes très-flattés d'être arrivés au même résultat que ce savant ingénieur.

LIÉGE. — IMPRIMERIE DE J. DESOER.

Pl. I.

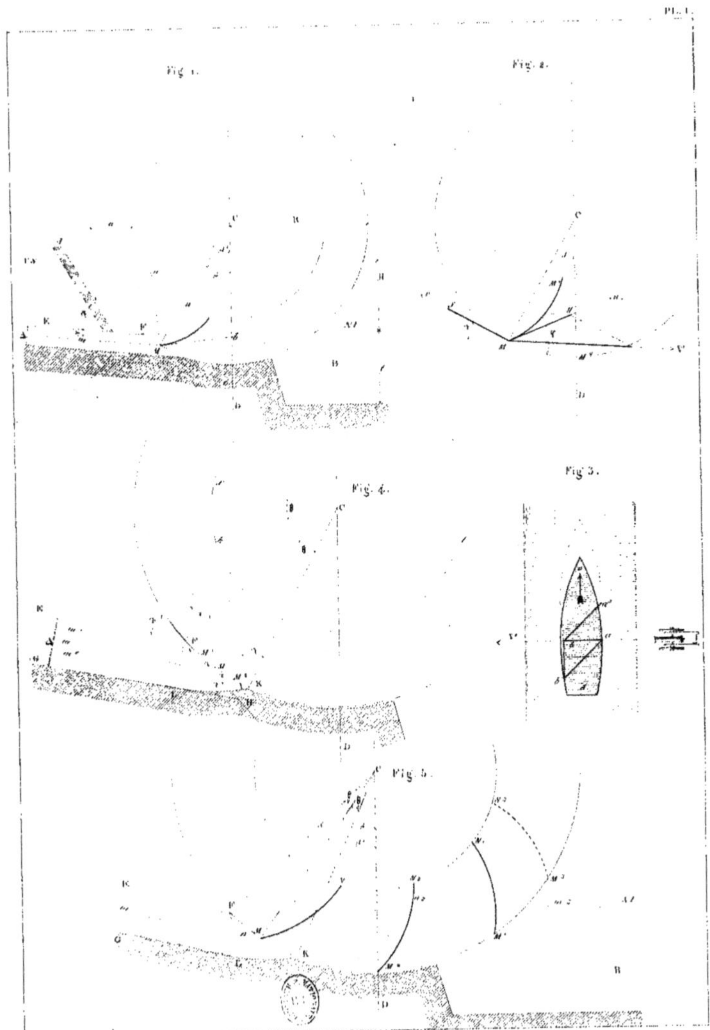

Établ.t de E. Noblet, Éditeur

Pl. 3.

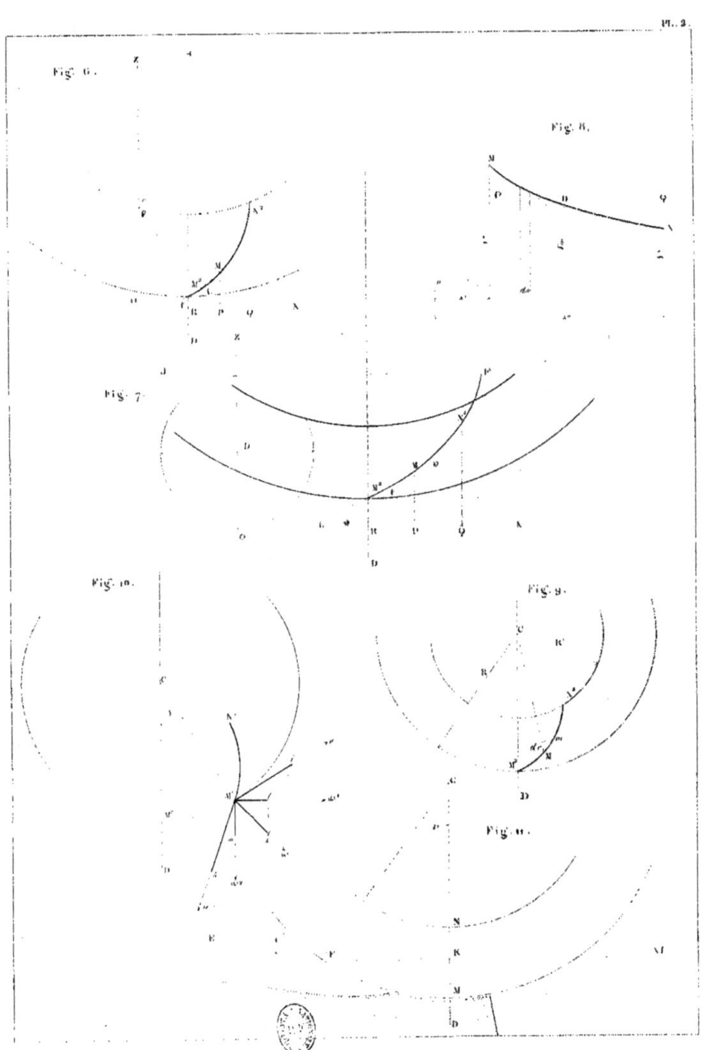

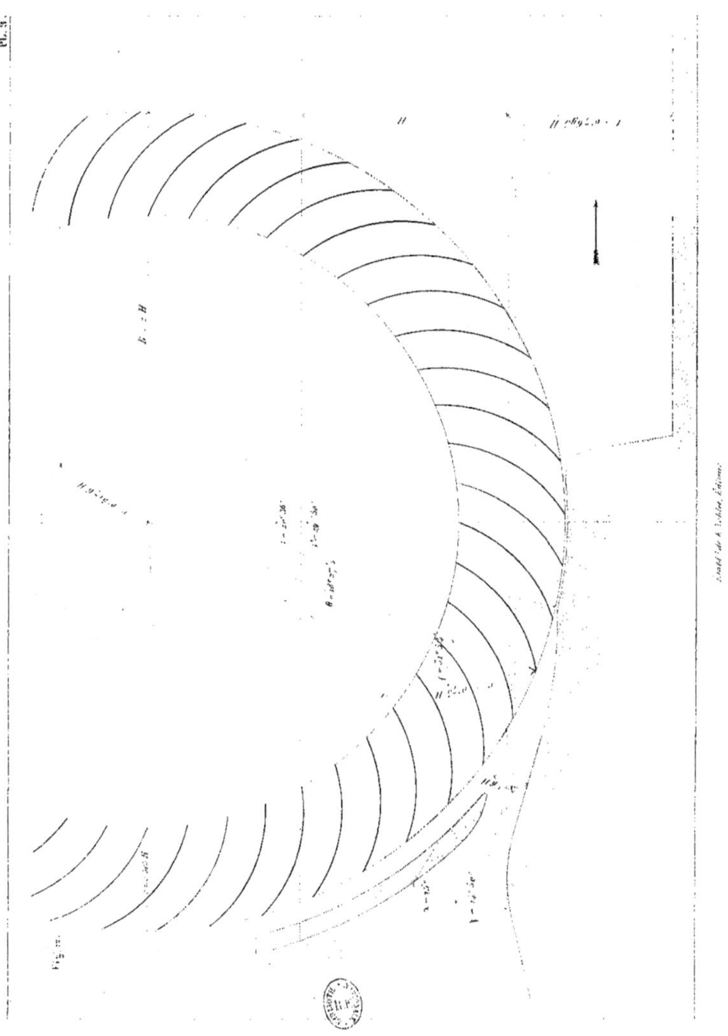

www.ingramcontent.com/pod-product-compliance
Lightning Source LLC
LaVergne TN
LVHW050453160826
845677LV00003B/761
* 9 7 8 2 3 2 9 6 8 0 0 5 7 *